ATELIER DE L'HORTICULTEUR FRANÇAIS

INSTRUCTION PRATIQUE

SUR LA CULTURE

DU

CHAMPIGNON COMESTIBLE

PAR

JACQUIN AÎNÉ

REVUE ET AUGMENTÉE PAR MARTIN-JACQUIN

GRAINIER-FLEURISTE

PRIX : 60 CENTIMES

PARIS

CHEZ L'AUTEUR
Quai de la Mégisserie, 16

AUGUSTE GOIN, ÉDITEUR
Rue des Écoles, 62

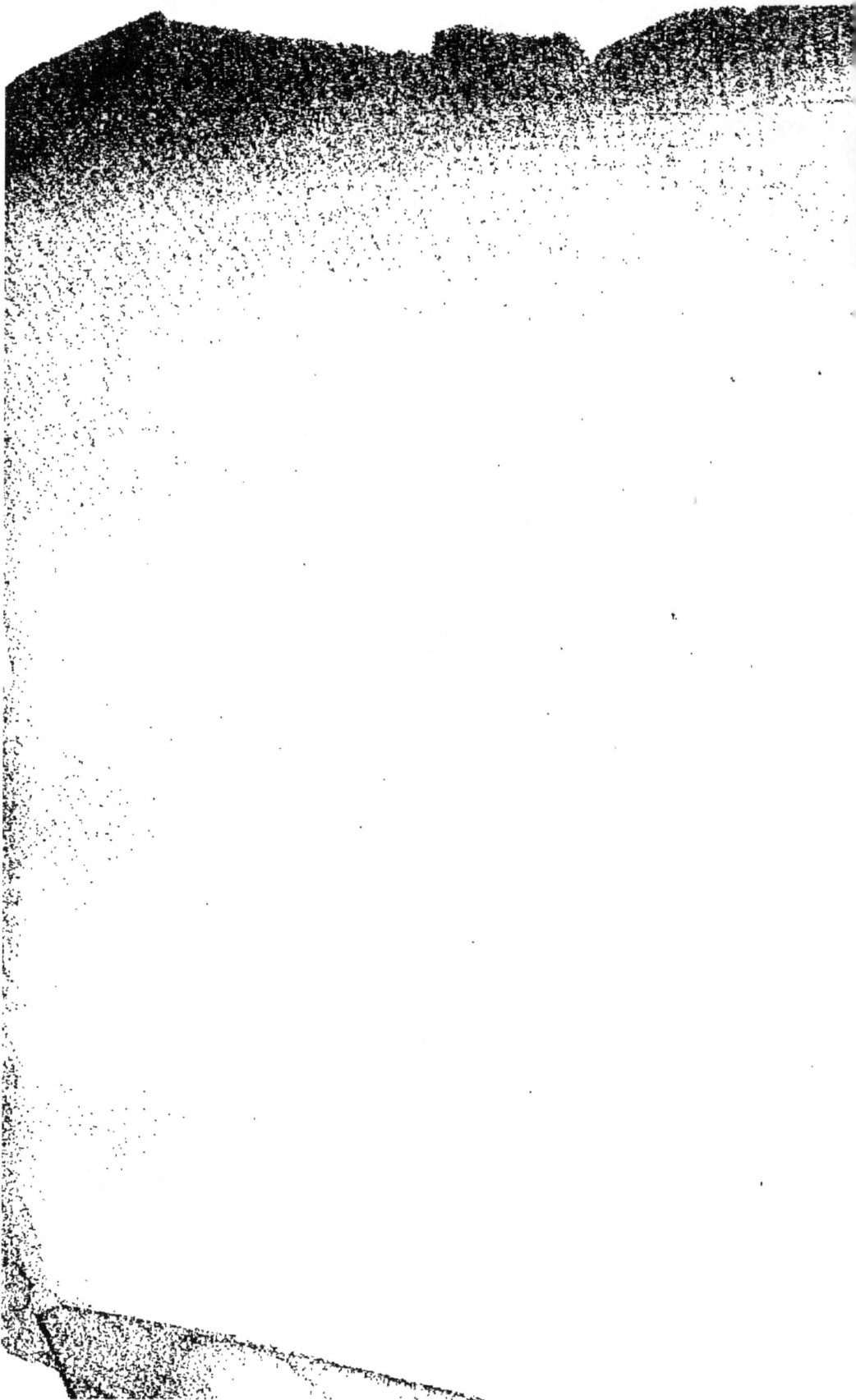

LIBRAIRIE CENTRALE
D'AGRICULTURE ET DE JARDINAGE

FONDÉE EN 1853

CATALOGUE GÉNÉRAL

1ᵉʳ AVRIL 1873.

PARIS

Auguste GOIN, Éditeur et Commissionnaire

RUE DES ÉCOLES, 62, PRÈS DU MUSÉE DE CLUNY, A PARIS

Réduction de prix :

L'AGRICULTEUR PRATICIEN

Revue de l'Agriculture française et étrangère

Publié depuis le 1er octobre 1853, jusqu'au 31 décembre 1872

18 VOLUMES IN-8° ORNÉS DE FIGURES DANS LE TEXTE

Au lieu de : **108 fr.**, PRIX : **72 fr.** rendus *franco*.

L'HORTICULTEUR PRATICIEN

Revue de l'Horticulture française et étrangère

PAR

MM. FUNCK, GALÉOTTI, JOIGNEAUX, comte DE LAMBERTYE, MORREN, etc.

1858 à 1862, 5 vol. grand in-8°, ornés de fig. dans le texte et de 104 planches coloriées

Au lieu de : **45 fr.**, PRIX : **25 fr.** rendus *franco*.

Bibliothèque de l'Agriculteur praticien.

Abeilles (*Culture des*), par l'abbé FLOQUET. 1 vol. in-18.   1 fr.

Abeilles. Leur éducation, par A. ESPANET. In-18.   40 c.

Agriculture moderne (*Lettres sur l'*), par J. LIEBIG. 1 vol. in-18. 3 50

Agronomie. — Études théoriques et pratiques d'agronomie et de physiologie végétale, par Isidore PIERRE, doyen de la Faculté des sciences de Caen. 4 vol. in-18. — 1er vol. *Sol, engrais, amendements.* — 2e vol. *Plantes fourragères, graines et produits dérivés.* — 3e vol. *Céréales.* — 4e vol. *Plantes industrielles, recherches diverses.*   14 fr.
Approuvé par la Commission des bibliothèques scolaires.

Almanach de l'Agriculteur praticien pour 1873. 16e année. 1 vol. in-18 avec de nombreuses fig.   50 c.
Les années 1857 à 1872, chaque.   50 c.
Cette collection forme une véritable *Encyclopédie agricole*, les matières étant changées chaque année.
Prix (*franco*) des 15 années prises ensemble.   6 fr.

Analyse chimique appliquée à l'agriculture (*Notions élémentaires d'*), par Isidore PIERRE. 2e édit. 1 vol. in-18 avec fig.   2 50
Approuvé par la Commission des bibliothèques scolaires.

Animaux domestiques, reproduction, amélioration et élevage, par DE WECKHERLIN. In-18.   2 fr.

Apiculture productive et pratique, selon la méthode de M. Amédée MAUGET, par Adolphe DE ROYELON. 1 vol. in-18.   3 50

Basse-Cour. Poules, Oies, Canards, Pintades, Dindons, Pigeons, par le baron PEERS. 2e édit. 1 vol. in-18 et planches.   1 75

Basse-Cour et Lapin. Traité complet de l'élève et de l'engraissement des animaux de basse-cour et du lapin, par YSABEAU. 1 vol. in-18.   1 fr.

Bétail (*De l'alimentation du*), aux points de vue de la production, du travail, de la viande, de la graisse, de la laine, du lait et des engrais, par Isidore PIERRE. 4e édition. 1 vol. in-18.   2 50
Approuvé par la Commission des bibliothèques scolaires.

Bêtes ovines (*Traité des*), par WECKHERLIN. 1 vol. in-12.   3 50

Bêtes ovines (*Des*) et des **Chèvres**, par YSABEAU. 1 vol. in-18. fig. 75 c.

Chaux, Marne et Calcaires coquilliers. Leur emploi pour l'amendement du sol, par Isidore PIERRE. 2e édition. In-18.   50 c.

Cheval. — Manuel hippique sommaire de l'éleveur-cultivateur, enseignement professionnel dédié aux élèves adultes des Écoles rurales, par BASSERIE, lieutenant-colonel de cavalerie, 2e édit. 1 vol. in-18.   1 fr.
Approuvé par la Commission des bibliothèques scolaires.

Cheval de trait, de carrosse et de selle. — Production, élevage et dressage, par Ephrem HOUEL. 1 vol. in-18.   1 fr.

Chevaux. — Conseils aux éleveurs, par Ch. DU HAYS. 1 vol. in-18 avec figures.   3 50

Constructions rurales (*Manuel des*), par BONA. 4e édit. 1 vol. in-18 orné de 200 fig.   3 50

Cultivateur anglais (*Le*). Théorie et pratique de l'agriculture, par MURPHY, trad. de l'angl. sur la 5e édit. par SAXBEY. In-18. Fig.   1 50
Approuvé par la Commission des bibliothèques scolaires.

Dindons et Pintades, par MARIOT-DIDIEUX. 1 vol. in-18.   75 c.

Drainage. L'art de tracer et d'établir les drains, par GRANDVOINNET. 1 vol. in-18 avec 160 figures.   3 fr.

Drainage. Résumé d'un cours pour les cultivateurs, par HERNOUX, ingénieur. In-18. Fig.   1 fr.

Drainage. — Traité de Drainage, ou assainissement des terrains humides, par J. LECLERC, 3e édit. 1 vol. in-18 orné de 130 fig.   3 50

Engrais de mer : Tangues, Merl, Goémons, Débris divers de poissons, Guanos, etc. — Études sur ces engrais, par Isidore PIERRE. 4e édit. 1 vol. in-18.   2 50

Approuvé par la Commission des bibliothèques scolaires.

Engrais en général (Des), suivi de la manière de traiter les matières fécales, par GREPP, 2e édit. in-18. Fig.   50 c.

Ferme (La), Guide du jeune fermier, par STOCKHARDT, 2 vol. in-18, 3 50

Fourrages. — Recherches sur la valeur nutritive des fourrages, par Isidore PIERRE, 4e édit. 1 vol. in-18.   2 50

Approuvé par la Commission des bibliothèques scolaires.

Fumier. — Plâtrage et sulfatage du fumier et désinfection des vidanges, par Isidore PIERRE, 3e édit. In-18.   50 c.

Approuvé par la Commission des Bibliothèques scolaires.

Fumiers de ferme et Engrais en général (Guide pratique sur les), précédé d'une introduction sur les éléments nutritifs généraux des plantes, par E. WOLFF. 1 vol. in-18.   1 50

Graminées. — Traité des graminées céréales et fourragères ; études botaniques, description des genres et espèces, rendement des diverses espèces, propriétés nutritives, sols qui conviennent, par DE MOOR. 1 vol. in-18, orné de 150 fig.   2 50

Guano du Pérou. Comp., falsification, emploi et effets. In-18. 80 c.

Lapin domestique (Traité pratique de l'éducation du) par F. Alexis ESPANET, 5e édit. 1 vol. in-18 avec figures.   1 fr.

Maïs (Alcoolisation des tiges du) et du **Sorgho sucré.** ALCOOL. — CIDRE. — BIÈRE. — VINS ARTIFICIELS, par DUBIEF. In-18.   75 c.

Matières fertilisantes. — Guide pratique du cultivateur pour le choix, l'achat et l'emploi des matières fertilisantes. Origine, composition, valeur, effets, durée, modes d'emploi, prix, garanties, recours en cas de fraude, etc., par A. DUBOUX. 1 vol. in-18 avec fig.   3 50

Approuvé par la Commission des bibliothèques scolaires.

Médecine vétérinaire des bêtes à cornes ou instruction aux laboureurs sur la manière de connaître et de guérir les maladies du bétail, avec un abrégé de la matière médicale et les noms des remèdes tant simples que composés, par A. COTTIER, 4e édit. 1 vol. in-18.   1 fr.

Médecine vétérinaire. — Manuel de médecine vétérinaire, par VERHEYEN, DEFAYS et HUSSON. 2e édit. 1 vol. in-18.   3 50

Ortie de la Chine (L') et sa culture. — Notice sur les diverses plantes qui portent ce nom, leurs usages et leur introduction en Europe, par RAMON DE LA SAGRA. In-18.   1 fr.

Phosphates de chaux (Fabrication et emploi des), par RONNA, 2e édit. 1 vol. in-18. (Sous presse.)

Pigeons (De l'éducation des). Oiseaux de luxe, de volière et de cage, par A. ESPANET. 2e édit. 1 vol. in-18 avec figures.   1 fr.

Plantes fourragères (Traité pratique de la culture des), par DE THIER, 2e édit. revue et augmentée par A. LEROY. 1 vol. in-18. 1 fr.

Approuvé par la Commission des bibliothèques scolaires.

Plantes-racines. — De la culture des plantes-racines : pommes de terre, topinambour, betterave, carotte, navet, rutabaga, chicorée, par MAX. LE DOCTE. 2e édit. 1 vol. in-18, orné de 28 fig.   1 25

Pomone agricole. — Plantation et culture du poirier et du pommier dans les champs et les vergers, suivie d'une notice sur la fabrication du cidre et sur la préparation alimentaire des poires et des pommes, par Ferdinand Mauduit. 1 vol. in-18 orné de 25 fig. dans le texte. 1 25

Ouvrage couronné par la Société impériale et centrale d'horticulture de la Seine-Inférieure. — Approuvé par la Commission des bibliothèques scolaires.

Porcs (*Du traitement des*) aux différentes époques de l'année. Extrait des meilleurs ouvrages anglais, par J. A. G. *Nouvelle édition* corrigée et augmentée. 1 vol. in-18 orné de 65 figures. 2 fr.

Porcheries (*De l'établissement des*), dispositions diverses, construction, par J. Grandvoinnet. 1 vol. in-18 orné de 95 fig. 2 50

Poules et poulets (*Education des*), **Dindons**, **Oies et Canards**, par Alexis Espanet. 2e édit. 1 vol. in-18 avec fig. 1 fr.

Prairies. — Culture, formation, entretien, amélioration, renouvellement, etc., par P. de Moor, 3e édit. 1 vol. in-18, orné de 67 fig. 1 25

Prairies et Fourrages dans les terres fortes et argileuses du Midi (*Traité pratique*), par A.-J.-M. de Saint-Félix (1841). 1 vol. in-12. 1 fr.

Récoltes dérobées (*Des*), comme fourrages et engrais verts, et culture de la *Moutarde blanche*, trad. de l'angl. par J. A. G. In-18. Fig. 75 c.

Sang de rate des animaux d'espèces ovine et bovine, par Isidore Pierre. In-18. 1 fr.

Couronné par la Société protectrice des animaux.

Semailles en ligne (*Des*) et des **Semoirs mécaniques**, par F. Georges. In-8o. (Extrait de l'*Agriculteur praticien*.) 50 c.

Sorgho à sucre (*Guide du distillateur du*), par Bourdais. In-18. 1 fr.

Stabulation (*De la*) de l'espèce bovine, par le baron Peers. In-18. 1 25

Tabac. — Culture, récolte; modes de dessiccation; séchoirs, conservation, etc., par de Moor. 2e édit. 1 vol. in-18, orné de 20 fig. 1 50

Topinambour. — Culture, alcoolisation et panification de ce tubercule, par Deldetz. 1 vol. in-18. 1 25

Approuvé par la Commission des bibliothèques scolaires.

Végétaux (*De la nutrition des*), considérée dans ses rapports avec les assolements, par le baron de Babo. 1 vol. in-18. 1 fr.

Vigne (*Nouvelle Culture de la*) en plein champ, sans échalas ni attaches, par Trouillet, 4e édit. In-18 avec 15 gravures. 2 50

Vigne (*Régénération de la*) par une nouvelle plantation, par E. Trouillet, 2e édition. In-18. 75 c.

Visite à un véritable agriculteur praticien, par Durand-Savoyat, propriétaire-cultivateur. 1 vol. in-18. 1 25

Voyage agricole en Russie, par L. de Fontenay, 1 vol. in-18. 3 50

Abeilles, Agriculture, Amendements, Bois, Cubage, Fumiers, Oiseaux de basse-cour, Vers à soie, etc.

Abeilles (*Asphyxie momentanée des*). — Moyens de la pratiquer, ses avantages et ses inconvénients, par Hamet. In-18 orné de 10 fig. 50 c.

Abeille (*L'*) **italienne des Alpes.** — Exposé sur l'art d'élever les reines italiennes de pure race, de les centupler en peu de mois, et de transformer en ruches italiennes les ruches communes, par Hermann. In-18. 1 fr.

Abeilles. — Le conservateur des abeilles ou moyens éprouvés pour conserver les ruches et pour les renouveler, par Jonas de Gélieu. 1837. 1 vol. in-8o et 3 pl. 1 75

Agriculture (*Huit leçons d'*), de **Chimie agricole**, de la formation des terres arables, etc., par Dauverné. 1 vol. in-18. 1 25

Agriculture (*Traité d'*), publié sur le manuscrit de l'auteur, par de Meixmoron de Dombasle. 5 vol. in-8o. 30 fr.

Agriculture pratique et raisonnée, par John SINCLAIR, traduit de l'anglais par MATHIEU DE DOMBASLE, 1825. 2 vol. in-8° accompagnés de 9 planches. (Exemplaires reliés et brochés.) . . . . 15 fr.

Agronomie. Chimie agricole et Physiologie, par BOUSSINGAULT, 2° édit. 4 vol. in-8° accompagnés de 6 planches. . . . . . . 20 fr.

Agriculture pratique (*Nouveau cours d'*) par GAUCHERON. 2 vol. in-18. . . . . 2 50

Analyses chimiques, comprenant toutes les analyses des substances végétales, des fumiers naturels ou artificiels, des amendements de toute espèce, etc., par Emile GUÉRIND. 1 vol. in-8°. . . . . 5 fr.

Animaux (*Recherches expérimentales sur l'alimentation et la respiration des*), par J. AILLIBERT. In-8°. 1 50

Apiculteur. — Les trois secrets de l'Apiculteur. Culture intensive de l'abeille, par MONIN. In-18 fig. 1 75

Apiculture (*Cours pratique d'*), professé au jardin du Luxembourg par HAMET. 3° édit. 1 vol. in-18 orné de 114 fig. et de 9 pl. . . . 3 50

Apiculture. — Mémoire à l'aide duquel on peut cultiver en toute saison 800 ruchées, les multiplier sans perte d'essaims et sans nuire au couvain des souches, etc., par GRANDGEORGE. In-18 de 88 pages. 2 fr.

Apiculture perfectionnée, ou Théorie et application pratique de la direction des rayons, par J. GRESLOT. 1 vol. in-12 avec planches. 1 50

Arbres (*Les*). Etudes sur leur structure et leur végétation, par SCHACHT, traduit sur la 2° édition allemande et publié sous les auspices du baron DE HUMBOLDT. 2° édit. 1 vol. in-8°, orné de 10 grav. sur acier, de 205 grav. dans le texte et de 5 pl. lithog. représentant 550 sujets. . . . . 15 fr.

Arbres (*Physique des*), ou Traité de leur anatomie et de l'économie végétale, par DUHAMEL DU MONCEAU. 2 vol. in-4°, fig. (*D'occasion.*) 20 fr.

Arbres et Arbustes (*Traité des*) qui se cultivent en France en pleine terre, par DUHAMEL DU MONCEAU. 2 vol. in-4°, fig. (*D'occasion.*) 25 fr.

Arbres et leur culture (*Semis et plantation des*), par DUHAMEL DU MONCEAU. 1 vol. in-4°, fig. (*D'occasion.*) . . . . 12 fr.

Arpentage et nivellement. — Traité pratique à l'usage des agriculteurs, par LECLERC et TOUSSAINT. 3° édit. 1 vol. in-18, orné de 126 fig. et 2 planches. 2 50

Bêtes à laine. — Manuel de l'éleveur, par VILLEROY. 1 vol. in-18, 54 fig. 3 50

Bois (*De l'Exploitation des*), par DUHAMEL DU MONCEAU. 2 vol. in-8°, fig. (*D'occasion.*) . . . . 25 fr.

Bois (*Du transport, de la conservation et de la force des*), par DUHAMEL DU MONCEAU. 1 vol. in-4°, fig. (*D'occasion.*) . . . . . 8 fr.

Bois. — Cubage des bois et tarifs métriques pour cuber les bois carrés ou de charpente, les bois en grume au 5° et au 6° réduit, ainsi que les bois au quart sans déduction, précédés d'une instruction sur la manière de cuber les différentes espèces de bois d'après le système métrique, et terminés par le prix des journées d'ouvriers depuis 50 c. jusqu'à 5 fr., à partir d'un quart de jour jusqu'à 30 jours, par GUSSOT. In-8°. 50 c.

Bordeaux et ses vins classés par ordre de mérite, par Ch. COCKS. 2° édit. revue par E. FÉRET. 1 vol. in-18 orné de 73 vues. . . . 4 fr.

Cailles, Faisans et Perdrix. (*Voir page 16.*)

Calendrier apicole. — Almanach des Cultivateurs d'abeilles, par MM. HAMET et COLLIN. In-18 orné de 14 fig. . . . . 50 c.

Calendrier du bon Cultivateur, par MATHIEU DE DOMBASLE, 10° édit. 1 vol. in-12 avec planches. 4 75

Calendrier du bon cultivateur (*Abrégé du*), par le même auteur. 1 vol. in-18. . . . . 1 50

Calendrier du bon cultivateur (*Extrait de l'Abrégé du*), par le même auteur. In-18. 60 c.

Canards. (Voir l'*Education des poules*, de Alexis Espanet, page 3.)

Cheval en France (*Le*), depuis l'époque gauloise jusqu'à nos jours. Géographie et institutions hippiques, par E. Hocel, 1 vol. in-8°. 3 fr.

Cheval. — Choix du cheval, ou description de tous les caractères à l'aide desquels on peut reconnaître l'aptitude des chevaux aux différents services, par J. Magne. 1 vol. in-18 orné de 21 fig. dans le texte. 2 fr.

Chimie agricole (*Petit cours de*), à l'usage des écoles primaires, par F. Malaguti. 1 vol. in-18, fig. 1 25

Chimie agricole, ou l'agriculture considérée dans ses rapports avec la chimie, par Isidore Pierre, 5e édit. 2 vol. in-18. 7 fr.

Chimie agricole. — Cours professé à Rennes par G. Lechartier, pendant les années 1867, 1868, 1869, 1870 et 1871. 5 vol. in-12. 5 fr.
Chaque volume se vend séparément 1 fr.

Chimie agricole (*Cours de*), par Gaucheron, 2 vol. in-8°. 3 50

Chimie appliquée à l'agriculture. — Précis des leçons professées depuis 1852 jusqu'à 1862, par Malaguti. 3 vol. in-18. 10 50

Cochon (*Du*). — Elevage, entretien, reproduction, engraissement, maladies et leur traitement, par Arnould Leroux (1849). 1 vol. in-12 carré. 1 fr.

Cours d'Economie agricole et de Culture usuelle, professé par M. Gaucheron. 2 vol. in-18. 2 50

Dindons. (Voir l'*Education des Poules*, de Alexis Espanet, page 3.)

Distilleries agricoles du système Kessler, applicable avec le même matériel au traitement de toutes les matières premières. In-8° de 40 pages et 5 pl. grand in-4°. 2 fr.

Distillation des betteraves (*Recherches sur les produits alcooliques de la*), par MM. Isidore Pierre et Puchot. In-8°. 2 50

Economie rurale, considérée dans ses rapports avec la chimie, la physique et la météorologie, par J.-N. Boussingault, 2e éd. 2 v. in-8°. 15 fr.

Encyclopédie pratique de l'Agriculteur, publiée sous la direction de MM. Moll et Gayot. 13 vol. in-8° ornés de nombreuses figures. 97 50

Engrais (*Des*), ou l'art d'améliorer les plus mauvaises terres par les amendements et les engrais de toute nature, par Ducois. 1 vol. in-18. 1 fr.

Engrais chimiques. — Petit guide pour l'emploi des engrais chimiques d'après le système de G. Ville, contenant tous les renseignements indispensables pour l'application des nouvelles méthodes de culture et d'analyse du sol, par H. Joulie, Brochure in-8°. 75 c.

Engrais perdus dans les campagnes (*deux milliards par an*), par Delagarde, 2e édit. 1 vol. in-18 de 180 pages. 1 50

Engraissement des bêtes bovines, ovines et porcines (*Essai sur l'*), par Danzel d'Aumont, 2e édit. In-8°. 1 fr.

Essais gleucométriques faits en 1862 sur cent variétés de raisin, par le docteur Fleurot. In-8°. 1 fr.

Faisans, Cailles et Perdrix. (Voir page 16.)

Fours économiques à circulation d'air chaud, par A. Castermann. 1 vol. grand in-8° avec 5 pl., 2e édit. Bruxelles. 2 50

Fosse (*La*) **à fumier,** par Boussingault. In-8°. 1 25

Fromage de Hollande, sa fabrication, par Le Sénécal. In-18. 50 c.
Fait partie de l'*Almanach de l'Agriculteur praticien* pour 1865.

Galéga (*Le*). — Nouveau fourrage, sa culture, son usage et son profit, par Gillet-Damitte, 2e édit. 1 vol. in-18. 1 25

Gardes forestiers (*Guide pratique à l'usage des*), traitant des arbres et arbustes forestiers, de l'ensemencement des diverses espèces et de l'agriculture forestière, etc., etc., par Vidal. 1 vol. in-8° et 4 lithog. 3 fr.

Ouvrages de M. Robinet sur les Vers à soie :

Cocon. — Nouvelles études sur le cocon. 1856. In-8°. 1 fr.

Cocons. — Procédé pour le battage des cocons, ou moyen d'obtenir des cocons le plus de soie possible. 1843. In-8°. 1 50

Magnaneries. — Expériences sur la ventilation des magnaneries. 1841. 1 vol. in-8° avec pl. 3 fr.

Mûriers. — Quatre mémoires sur le mûrier, 1840-43. In-8°. 1 50

Muscardine. — La muscardine; des causes de cette maladie et des moyens d'en préserver les vers à soie, 2e édit. 1845. 1 vol. in-8°. 3 fr.

Soie. — Mémoire sur la filature de la soie, 1839. 1 vol. in-8° avec 7 pl. 4 50

Soie. — Mémoire sur la formation de la soie, 1844. In-8°. 1 50

Vers à soie. — De l'influence des phénomènes météorologiques sur les éducations de vers à soie, 1850. In-8°. 1 fr.

Vers à soie. — Education. 1846. 1 vol. in-8° avec pl. 4 50

Vers à soie (*Conseils aux nouveaux éducateurs de*), par F. DE BOUILLENOIS, 2e édit. 1 vol. in-8°. 3 50

Vigne. — Résumé des opérations à suivre pendant le cours de la végétation de la vigne et étude de la rupture des bourgeons à l'état herbacé, par E. TROUILLET. 2e édit. Tableau in-folio, fig. et texte. 60 c.

Vigne. — Nouveau mode de culture et d'échalassement, applicable à tous les vignobles où l'on cultive les vignes basses, par T. COLLIGNON. 1 vol. in-8° avec 3 pl. 3 fr.

Vigne en France (*La*), et spécialement dans le sud-ouest, par ROMUALD DEJERNON. 1 vol. in-8°. 5 fr.

Vignes. — De la culture des vignes, de la vinification et du vin dans le Médoc, par A. D'ARMAILHACQ. 3e édit. 1 vol. in-8°. 7 fr.

Vins. — Traité pratique, par MACHARD. 4e édit. 1 vol. in-18. 3 50

Vins du Médoc et autres vins rouges et blancs de la Gironde, par W. FRANCK. 5e édit. 1 vol. in-8°, orné de 33 vues et une carte. 8 fr.

Vins, spiritueux, liqueurs d'exportation, etc. — Traitement pratique par les méthodes bordelaises. Vinification des grands vins rouges et blancs de la Gironde, vins ordinaires, fabrication des vins de liqueur, vermouths, vins mousseux, rhums, eaux-de-vie, liqueurs, vinaigres, huiles, etc., par BOIREAU. 1 vol. in-8° orné de 8 pl. 6 fr.

Bibliothèque de l'Horticulteur praticien.

Encouragée par MM. les Ministres de l'Agriculture et du Commerce et de l'Instruction publique

Almanach du Jardinier-Fleuriste pour 1873, suivi de notes sur le jardin potager, 18e année. 1 vol. in-18 avec fig. dans le texte. 50 c.
Les années 1860, 1861, 1863, 1868, 1869, 1870 et 1871-72, chaque 50 c.

Arboriculture. — Manuel pratique renfermant ce que les meilleurs auteurs et les praticiens ont dit de mieux sur le *défoncement*, la *plantation*, les *formes*, la *taille* et la *mise à fruit* des arbres fruitiers, par l'abbé RAOUL. 3e édit. 1 vol. in-18 avec planches. 2 fr.

Arboriculture des Ecoles primaires, ou *Notions d'arboriculture fruitière* mises à la portée des enfants, par J. BRÉMOND, 3e éd. augmentée de chapitres empruntés au *Verger*. 1 vol. in-18 et atlas de 107 fig. 2 fr.
Approuvé par la Commission des bibliothèques scolaires.

Légumes. — Conseils sur les semis de graines de légumes, offerts aux habitants de la campagne, par le comte DE LAMBERTYE, 3e éd. In-18. 30 c.
Approuvé par la Commission des bibliothèques scolaires.

Légumes et fleurs. — Conseils sur la culture de légumes et de fleurs sous un, deux ou trois châssis, pendant les douze mois de l'année, pouvant convenir aux provinces du nord, de l'est, de l'ouest et du centre de la France, par le comte DE LAMBERTYE. 1 vol. in-18 orné de fig. dans le texte.   50 c.
Approuvé par la Commission des bibliothèques scolaires.

Melons (*Culture des*). Méthode simple et précise pour obtenir des melons d'une grosseur extraordinaire, etc., par DUPOUR DE VILLEROSE, 2e édit. 1 vol. in-18 orné de 5 grav.   1 fr.
Approuvé par la Commission des bibliothèques scolaires.

Melon. — Instructions pratiques sur sa culture sous châssis, sous cloche et en pleine terre, par Martin JACQUIN. In-18 de 36 pages.   00 c.

Mouvement horticole de 1867. — Revue des progrès accomplis dans toutes les branches de l'horticulture, avec la relation complète de l'Exposition universelle d'horticulture qui a eu lieu au Champ-de-Mars, par E. ANDRÉ, 1 vol. in-18 de 324 pages.   2 25.

Oignons à fleurs. — Semis et culture, par un Amateur. 1 vol. in-18 avec fig. (*Sous presse*).

Plantes à feuilles ornementales en pleine terre (*Les*): *Caladium, Canna, Gynerium, Musa, Solanum, Wigandia,* etc. Botanique et culture, par le comte DE LAMBERTYE. 2 vol. in-18 ornés de fig. et tableaux. 2 fr.

Plantes de pleine terre, annuelles, bisannuelles et vivaces. — Instructions pratiques sur leur culture, par MARTIN-JACQUIN, 1 vol. in-18 de 100 pages.   1 50.

Plantes molles de pleine terre: *Pétunia, Géranium, Pensée, Verveine, Héliotrope.* Culture pratique par le vicomte F. DU BUYSSON. 1 vol. in-18, fig.   1 fr.

Pomone agricole. — Plantation et culture du poirier et du pommier dans les champs et les vergers, suivie d'une notice sur la fabrication du cidre et sur la préparation alimentaire des poires et des pommes, par Ferdinand MAUDUIT, 1 vol. in-18 orné de 25 fig. dans le texte.   1 25.
Ouvrage couronné par la Société impériale et centrale d'horticulture de la Seine-Inférieure. — Approuvé par la Commission des bibliothèques scolaires.

Reine-Marguerite (*Culture de la*), par MALINGRE. In-18.   40 c.

Rosier. — Semis, culture et taille, par MARGOTTIN fils, 1 vol. in-18 avec figures. (*Sous presse*).

Fruits et légumes de primeur (*Traité général de la culture forcée par le thermosiphon des*), par le comte DE LAMBERTYE.
Cet ouvrage sera publié en sept livraisons de 48 pages in-8o.
Prix de chaque livraison.   1 25.

Les livraisons seront ainsi composées:
Melon et Concombre, 1 livr.; — **Ananas,** 1 livr.; — **Vigne,** 1 livr.; — **Fraisier,** 1 livr.; — **Groseillier, Framboisier, Figuier,** 1 livr.; — **Pêcher, Prunier, Cerisier, Abricotier,** 1 livr.; — **Tomate et Haricot,** 1 livr.

Les livraisons **Fraisier, Vigne, Melon et Concombre, Tomate et Haricot** *sont parues.*

Des rapports très-favorables de cet ouvrage ont déjà été faits par la *Société d'horticulture de Paris* et par un grand nombre de Sociétés les plus importantes des départements.

Arbres fruitiers, Botanique, Culture potagère, Jardinage.

Almanach Grossent pour 1873, contenant les principes élémentaires d'*Arboriculture* et de *Potager*, par GRESSENT. In-18. Br. 40 c.

Arboriculture (L') fruitière comprenant la culture *intensive* et *extensive* des fruits de table, la *spéculation fruitière sans capital*, les soins à donner aux *pépinières*, aux *plantations arbrines d'ornement* et *forestière*, par GRESSENT. 4e édit. 1 vol. in-18 avec 392 fig. dans le texte.

Arbres et arbrisseaux à fruits de table. 6e édit. du *Cours d'arboriculture* par DUBREUIL. 1 vol. in-18 orné de 578 fig.

Arbres et arbrisseaux d'ornement (*Culture des*), par DUBREUIL. 6e édition. 1 vol. in-18 orné de 196 fig.

Arbres fruitiers (*Instruction élémentaire sur la conduite des*), par DUBREUIL. 6e édit. 1 vol. in-18. Br.

Arbres fruitiers (*Taille raisonnée des*), par J. A. HARDY. 6e édit. 1 vol. in-8° avec 194 figures.

Arbres fruitiers. — Traité de la culture des arbres fruitiers, contenant une nouvelle méthode de les tailler, avec une méthode particulière de guérir les maladies qui attaquent les arbres fruitiers, par FORSYTH. 2e édit. 1805. 1 vol. in-8° orné de 13 pl. (Exempl. broch. ou rel.)

Arbres fruitiers (*Traité des*) contenant leur figure, leur description, leur culture, etc., par DUHAMEL DU MONCEAU. 1768. 2 vol. grand in-4° reliés, ornés de 181 planches gravées.

Asperges. Culture en plein air, par LHERAULT-SALBOEUF. In-18.

Asperges. — Instructions générales sur leur culture, par Louis LHERAULT. 2e édit. in-18 de 40 pages.

Bon Jardinier (Le) pour 1873, par POITEAU, VILMORIN, DECAISNE, NEUMANN, BARRAL. 1 vol. in-12.

Bon Jardinier (*Figures de l'Almanach du*), par DECAISNE. 2e éd. 692 grav. et 15 pl. 1 vol. in-12.

Botanique. — Traité général de botanique descriptive et analytique, par LE MAOUT et DECAISNE. 1 fort vol. in-4° orné de 5.500 fig.

Botaniste et herboriste (*Petit manuel du*), suivi de principes de médecine, de pharmacie, etc., par L. T. J. F. M. et P. M. 9e édit. 1 vol. in-12 orné de 6 planches.

Boutures. (*Voir le Jardin fleuriste, page 10.*)

Catalogue descriptif et raisonné des arbres fruitiers et d'ornement pour 1868, par André LEROY. In-8°.

Chasselas (*Culture du*), à Thomery, par Rose CHARMEUX. 1 vol. in-18 orné de 41 fig.

Concombre. — Culture forcée. *Voyez* Melon, page 14.

Conifères. — Traité général des conifères, ou description de toutes les espèces et variétés de ce genre aujourd'hui connues, avec leur synonymie, l'indication des procédés de culture et de multiplication qu'il convient de leur appliquer, par E. A. CARRIÈRE. Nouvelle édit. 2 vol. in-8°.

Cuisinière (La) de la ville et de la campagne, par L. E. A. 46e édit. 1 vol. in-18 cart. orné de 300 fig.

Culture maraîchère de Paris. — Manuel pratique par MOREAU et DAVERNE. 1e édit. 1 vol. in-8°.

Encyclopédie horticole, ouvrage contenant les principaux termes employés en botanique, en horticulture, en sylviculture et en agriculture, l'indication des divers procédés de culture et de multiplication des végétaux, le nom des insectes les plus préjudiciables à ces derniers, ainsi que les moyens de les combattre, par CANNEREL. 1 vol. in-18. 3 50

Entomologie horticole. — Histoire des insectes nuisibles à l'horticulture, avec l'indication des moyens propres à les éloigner ou à les détruire, et l'histoire des insectes et autres animaux utiles aux cultures, par le docteur BOISDUVAL. 1 vol. in-8° orné de 125 figures. 6 fr.

Fécondation naturelle et artificielle des végétaux (De la) et de l'Hybridation, par H. LECOQ. 2e édit. 1 vol. in-8° orné de 106 grav. 7 50

Figuier blanc d'Argenteuil. — Culture par Louis IHÉRAULT. Brochure in-18. 50 c.

Fleurs coloriées (Album de) annuelles et vivaces, par VILMORIN-ANDRIEUX. 21 planches in-f° sont en vente. Chaque pl. avec texte. 1 fr.

Fleurs de pleine terre (Les), comprenant la description et la culture des fleurs annuelles, vivaces et bulbeuses de pleine terre, etc., par VILMORIN-ANDRIEUX. 3e édit. 1 fort vol. petit in-8° orné de près de 1,300 gr. 12 fr.

Flore élémentaire des jardins et des champs, avec des clefs analytiques conduisant promptement à la détermination des familles et des genres, etc., par LE MAOUT et DECAISNE. 2 vol. petit in-8° 9 fr.

Fruits. — Les meilleurs fruits par ordre de maturité, culture et soins qu'ils réclament, par P. DE MORTILLET. Silhouette et dessins des fruits, fleurs et noyaux, dessinés par l'auteur.

Tome I, le **Pêcher**. 1 vol. in-8°. 8 fr.
Tome II, le **Cerisier**. 1 vol. in-8°. 7 fr.
Tome III, le **Poirier**. 1 vol in-8°. 9 fr.

L'ouvrage complet se composera de six volumes.

Fruits à cultiver (Les), leur description, leur culture, par Ferdinand JAMIN. 1 vol. in-18. 1 50

Graines et Fruits. — Moyens de les grossir, de doubler les fleurs et d'en varier les proportions et la forme, par A. BARBIER. In-8° 1 fr.

Greffes diverses. (Voir le **Jardin fleuriste**, page 10.)

Jardin fruitier. — 1. École du jardin fruitier, comprenant l'origine, le choix, la plantation, la transplantation des arbres; les pépinières, les greffes, la taille et les formes qu'on peut donner aux arbres fruitiers, etc., par DE LA BRETONNERIE. 1784 et autres dates. 2 vol. in-12 rel. ou broch. 6 fr.

Jardin fruitier du Muséum, ou iconographie de toutes les espèces et variétés d'arbres fruitiers cultivés dans cet établissement, avec leur description, leur histoire, leur synonymie, etc., par J. DECAISNE. Cet ouvrage paraît par livraisons in-4° de 4 planches supérieurement gravées et coloriées avec texte. La 11e livr. vient de paraître. Prix de la livr. 5 fr.

Jardinage (La pratique du), par Roger SCHABOL. 2 vol. in-12 reliés. 6 fr. (Rare et recherché.)

Jardinage (La théorie du), par l'abbé Roger SCHABOL. 1 vol. in-12 relié. (Rare et recherché.) 3 50

Jardinage. — Manuel pratique à l'usage de la France méridionale, par J. OROIX. — 1re partie : Culture maraîchère. 1 vol. in-12. 1 fr.

Jardinier illustré (Le Nouveau) pour 1873, par LAVALLÉE, NEUMANN, VERLOT, COURTOIS-GÉRARD, BUREL, etc. 1 vol. in-18 orné de 500 fig. 7 fr.

Jardinier fruitier (Le). — Principes simplifiés de la taille des arbres fruitiers, par E. FORNEY. 2 vol. in-8°, fig. 8 fr.

Jardinier solitaire (Le), ou Dialogues entre un curieux et un jardinier solitaire, contenant la méthode de faire et de cultiver un jardin fruitier et potager, etc., 1 vol. in-12 relié. (Ouvrage ancien et rare.) 4 fr.

Jardins. — Manuel de l'amateur des jardins. Traité général d'horticulture, par DECAISNE et NAUDIN. 1 vol. in-8°, ornés de 537 fig. 30 fr.

Jardins (*Traité de la composition et de l'ornement des*), avec 161 pl. représentant, en plus de 600 fig., des plans de jardins, des machines pour élever les eaux, etc. 6° édit. 2 vol. in-4° oblong. 25 fr.

Jardin potager (*L'École du*), qui comprend la description des plantes potagères, les qualités de terre et des climats qui leur sont propres, etc.; la manière de dresser et conduire les couches, et d'élever des champignons en toutes saisons, par DE COMILES. 2 vol. in-12 reliés. (*Rare.*) 6 fr.

Légumes coloriés (*Album de*), par VILMORIN-ANDRIEUX. 22 planches in-f° sont en vente. Chaque planche se vend séparément. 3 fr.

Melon et Concombre. — Leur culture forcée, par le comte DE LAMBERTYE. In-8°. 1 25

Oignons à fleurs coloriées (*Album d'*), par VILMORIN-ANDRIEUX. 18 livraisons sont en vente. Chaque planche se vend séparément. 4 fr.

Parcs et Jardins. — Prix de règlement ou tarif des travaux de jardinage, de plantations, d'exploitat. des forêts, etc., par LECOQ. Gr. in-8°. 3 fr.

Pêcher en espalier carré (*Pratique raisonnée de la taille du*), par A). LEPÈRE. 3° édit. 1 vol. in-8° avec 8 planches. 4 fr.

Pensée (*La*), la **Violette**, l'**Auricule** ou Oreille-d'Ours, la **Primevère.** — Histoire et culture, par RAGONOT-GODEFROY. In-18, fig. col. 2 fr.

Pincement des feuilles (*La direction des Arbres par le*), et notamment du pêcher, par GUIN aîné. 3° édit. in-18 de 72 pages, fig. 1 50

Plantes, Arbres et Arbustes (*Manuel général des*), Description et culture de 25,000 plantes indigènes d'Europe ou cultivées dans les serres; par HÉRINCQ, JACQUES et DUCHARTRE. 4 vol. petit in-8°. 36 fr.

Plantes de serre. — Traité théorique et pratique de la culture de toutes les plantes qui demandent un abri, par DE PUYDT. 2 vol. in-18. 8 fr.

Plantes de terre de bruyère. — Description, histoire et culture des rhododendrons, azalées, camellias, bruyères, épacris, etc., par E. ANDRÉ. 1 vol. in-18 orné de 90 fig. 3 50

Pomologie. — Dictionnaire de Pomologie, contenant l'histoire, la description, la figure au trait des fruits anciens et modernes les plus généralement connus et cultivés, par André LEROY, pépiniériste. — La série des *Poires*, 2 vol. grand in-8°. 20 fr.

Pomone française (*La*). — Traité de la culture et de la taille des arbres fruitiers, suivi d'un traité de Physiologie végétale, par le comte LELIEUR, 3° et dernière édition, *très-rare*. 1 vol. in-8°, orné de 15 planches gravées. 12 fr.

Poirier (*Taille du*) et du **Pommier** en fuseau, par CHOPPIN. 1 vol. in-8°, fig., 3° édition. 3 fr.

Potager moderne (*Le*). Traité complet de la culture des légumes, par GRESSENT. 3° édit. 1 vol. in-18 avec fig. dans le texte. 7 fr.
Ouvrage couronné par la Société centrale d'horticulture de Paris.

Rosier, culture, multiplication. (*Voir le* **Jardin fleuriste.**)

Vigne. — Multiplication de la vigne par bouturage souterrain, par A. RIVIÈRE, jardinier en chef du Luxembourg. In-8° de 32 pages, orné de 18 gravures. 2 fr.

Encyclopédie du Sportsman

Alouette. — De la chasse de l'alouette au miroir avec le fusil, par Nérée Quépat. 1 vol. in-18 orné de grav. 1 50

Bécasse. — Le Chasseur à la bécasse, par Polet de Faveaux (Sylvain). 1 vol. in-18 orné de 35 figures dans le texte. 3 50

Chasse. — Pratique de la chasse, par J. A. Clabart, 2ᵉ édit. 1 vol. in-18, figures de Ch. Jacque, Pizetta, Yan d'Argent, etc. 3 50

Chasse à courre et à tir. — Nouveau Traité par le baron de Lage de Chaillou, A. de la Rue, et le marquis de Cherville. 2 vol. in-8° avec fig. dans le texte par Ch. Jacque, Pizetta, Yan d'Argent, etc. 20 fr.
Le même, imprimé sur papier vergé. 30 fr.

Chasse à tir et à courre. — Du droit de suite et de la propriété du gibier tué, blessé ou poursuivi, par Alexandre Sorel, juge au tribunal civil de Compiègne, etc. 2ᵉ édit. mise au courant de la jurisprudence. 1 vol. in-18 (Sous presse.)

Chasse au chien d'arrêt. — Gibier à plumes, par Chenu. 1 vol. in-18 orné de 89 planches et 19 vignettes, représentant 300 sujets divers. 3 50

Chasse aux petits oiseaux. — Manuel du vendeur, par Chanay. 2ᵉ édit. 1 vol. in-18. 1 50

Chasseurs. — Conseils aux chasseurs. Manière de peupler et d'entretenir une chasse de menu gibier, élevage du gibier, etc., par Bürelmans. 1 vol. in-18 avec figures. 3 50

Chasseur infaillible. — Le chasseur infaillible. Guide complet du sportsman, contenant l'usage du fusil, le tir, le vol des oiseaux, le dressage des chiens, par Marksman, traduit de l'anglais sur la 9ᵉ édition par Ch. Kerdour, augmenté d'un appendice sur le tir des oiseaux de marais et du gibier de mer. 1 vol. in-18, fig. 3 50

Chevaux. — Conseils aux acheteurs de chevaux, ou Traité de la conformation extérieure du cheval, avec des instructions pour l'appréciation, avant la vente, des vices, défauts, affections, etc., suivi de la loi sur les vices rédhibitoires et la garantie du vendeur, par John Stewart, traduit de l'anglais par le baron d'Hanins. 1 vol. in-18 fig. 3 50

Chevaux. — Conseils aux éleveurs de chevaux, par Charles du Hays. 1 vol. in-18 fig. 3 50

Chevaux de chasse. — Leur condition en France, par le comte Le Couteulx de Canteleu. 2ᵉ édit. 1 vol. in-18. 1 fr.

Chiens. — Les maladies des chiens et leur traitement, par Hertwig. 2ᵉ édit. 1 vol. in-18. 3 50

Chien de chasse (Du). — Chiens d'arrêt, espèces et variétés, élevage, nourriture, maladie, éducation, dressage, extrait du Nouveau Traité des chasses à courre et à tir. 1 vol. in-18 orné de 15 fig. 2 50
Le même, imprimé sur papier vergé. 5 fr.

Chien de chasse (Du). — Chiens courants, espèces et variétés, élevage, hygiène, nourriture, maladies, éducation, dressage, extrait du Nouveau Traité des chasses à courre et à tir. 1 vol. in-18 orné de 17 figures et d'un plan de chenil chromo-lithographié. 3 50
Le même, imprimé sur papier vergé. 7 fr.

Coq de bruyère (La chasse au). — Histoire naturelle, mœurs, lieux habités par ces oiseaux. L'art de les chercher, de les tirer, de les élever en volière, par Léon de Thier. 1 vol. in-18 avec fig. 2 50

Dommages aux champs causés par le gibier, lapins, lièvres, sangliers, etc. — De la responsabilité des propriétaires de bois et forêts, et des locataires de chasses, par Alexandre Sorel, juge au tribunal civil de Compiègne, etc. 2ᵉ édit. revue et augmentée. 1 vol. in-18. 3 50

Écurie. — Économie de l'Écurie, Traité de l'entretien et du traitement des chevaux (écurie, pansage, nourriture, boisson, travail), par John Stewart, traduit de l'anglais sur la 7e édition par le baron d'Hi-KUNS. 1 vol. in-18 orné de 20 figures. 3 50

Ferrure du cheval (La). — Organisation, maladies et hygiène du pied, par L. Goyau, professeur à Saint-Cyr. 1 vol. in-18, orné de 88 fig. 3 50

Chasse, Chiens, Oiseaux de Chasse et de Volière, etc.

Cailles, Perdrix, Colins ou Cailles d'Amérique. — Guide pratique pour les élever, etc., par Allary. Édition augmentée d'un chapitre sur l'incubation artificielle, par A. Leroy. 1 vol. in-18, fig. 1 50

Chasse. — Carnet de chasse, in-18 oblong, cartonné, toile angl. 2 50

Chasse aux chiens courants ou Vénerie normande (L'École de la) par Le Verrier de la Conterie. 1 vol. in-8°. 6 fr.

Chasse de Gaston Phœbus (La), comte de Foix, envoyée par lui à messire Philippe de France, duc de Bourgogne, collationnée sur un manuscrit ayant appartenu à Jean Ier de Foix, avec des notes et la vie de Gaston Phœbus, par Joseph Lavallée. 1854. 1 vol. in-8° orné de 18 fig. 20 fr.

Chasse royale (La), divisée en quatre parties qui contiennent les Chasses du Cerf, du Lièvre, du Chevreuil, du Sanglier, du Loup et du Renard, etc., par messire Robert de Salnove. 1 vol. gr. in-8° papier vélin. 25 fr.

Chiens. — Exposition canine du bois de Boulogne. Mai 1863. In-folio oblong, composé de 11 lithographies coloriées, de 8 photographies et d'un texte descriptif orné de 9 fig. 20 fr.

Il ne reste que 6 exempl. de cet album.

Faisan. — Du faisan considéré dans l'état de nature et dans l'état de domesticité, par Léon Bertrand. Traité suivi d'instructions pratiques pour l'établissement d'une faisanderie et l'éducation des faisans par A. Rouzé, ex-garde faisandier. 1851. Brochure in-8° de 92 pages, fig. 3 50

Faisans, Canards mandarins, Cygnes, etc. — Guide pratique pour les élever, par Arthur Legrand. 1 vol. in-18, avec fig. 2 fr.

Faisans et Perdrix. — Alimentation publique, repeuplement des chasses, agrémentation des habitations. Nouvelle méthode d'élevage, par E. Leroy. 1 vol. in-18 de 176 pages, accompagné de 6 pl. 3 50

Oiseaux de volière (Manuel de l'amateur des), ou instruction pour connaître, élever, conserver et guérir toutes les espèces d'oiseaux que l'on aime à garder en volière ou dans la chambre, par Bechstein. Nouvelle édition. 1 vol. in-18, orné de fig. dans le texte. 3 50

Oiseaux de volière (Petits), Cacatois, Aras, Perroquets, Perruches et autres passereaux exotiques. Conservation, reproduction, par Mercier, ex-inspecteur du Jardin d'acclimatation. 1 vol. petit in-18. 1 50

Piqueurs, cochers, grooms et palefreniers (Manuel des), à l'usage des écoles de dressage et d'équitation de France, par le comte de Montigny. 2e édition. 1 vol. in-18 orné de planches. 5 fr.

Vénerie (La) de Jacques du Fouilloux. De nouveau revue, augmentée de la méthode pour dresser et faire voler les oyseaux, par M. de Boisoudan, précédée de la biographie de Jacques du Fouilloux, par M. Peissac. 1 vol. in-4° orné de nombr. grav. et de lettres ornées. 15 fr.

Vénerie. — Traité de Vénerie par d'Yauville. 1859. 1 vol. grand in-8° papier vélin, orné de 4 grandes gravures hors texte, de 9 fig. médaillons et accompagné de 12 fanfares. 25 fr.

INSTRUCTION PRATIQUE

SUR LA CULTURE

DU

CHAMPIGNON COMESTIBLE

PAR

JACQUIN AÎNÉ

REVUE ET AUGMENTÉE PAR MARTIN-JACQUIN

GRAINIER FLEURISTE

PARIS

LIBRAIRIE CENTRALE D'AGRICULTURE ET DE JARDINAGE

Rue des Écoles, 62 (ancien 82), près le Musée de Cluny

Auguste GOIN, éditeur

e-B-e

INSTRUCTION PRATIQUE

SUR LA CULTURE

DU

CHAMPIGNON COMESTIBLE

PRÉLIMINAIRES

Ce n'est guère que depuis cent ans environ que
l'on a trouvé le moyen de multiplier à volonté les
champignons; avant cette époque, on cherchait à
s'en procurer en construisant des couches dans lesquelles on attendait leur formation des hasards, de la
fermentation du fumier dont on les construisait, et
on ne réussissait pas toujours.

Aujourd'hui, leur propagation est certaine en s'y
prenant comme je vais l'indiquer, grâce à la faculté
qu'on a reconnue au blanc de champignon de produire cette espèce, lorsqu'on le met dans les circon-
stances favorables.

On appelle *blanc de champignon* de petits fila-

ments blancs assez semblables à de la moisissure et
qui se forment dans le fumier ou le terreau sur lesquels des champignons se sont développés, et particulièrement aux places où était attaché leur pédicule.
On le trouve en défaisant les vieilles meules, les
couches à champignons, à melons et autres, et quelquefois dans les tas de fumier de cheval où il se développe spontanément. Les portions de fumier qui
sont incrustées de ces petites fibres radiculaires se
nomment *galettes de fumier à champignons*, et c'est
sous cette forme qu'on se procure le blanc dans le
commerce. Il est inutile de s'informer de son âge,
car il jouit de sa propriété génératrice pendant quinze
ou vingt ans, pourvu qu'il ait été conservé dans un
lieu sec.

On appelle *blanc de champignon vierge* celui que
l'on trouve dans les tas de fumier ou dans les couches
à melons, et on le préfère à celui qu'on recueille en
défaisant les meules. Celui qui provient des meules
où se sont développées des molles ne doit pas être
employé. Les jardiniers appellent *molles* les champignons dégénérés dont le chapeau est élargi, et les
feuillets qui le composent noirâtres et le faisant res-
sembler à une vesce de loup. Dans cet état, il est mal-
faisant, et les inspecteurs des marchés font jeter tous
ceux qui sont présentés à la halle ; du reste, les cham-

pignonistes recueillent du blanc de champignon en démontant un bout de leurs meules lorsqu'elles ont fourni deux cueilles seulement.

On nomme *meule* l'espèce de couche que l'on destine à produire les champignons. Ces meules sont faites avec du fumier. On construit aussi une autre sorte de couche composée uniquement de crottin.

Voyons de suite comment se font ces couches. Nous nous occuperons ensuite de la construction de meules, sur laquelle nous nous étendrons principalement.

On se sert de crottins de cheval ou de mulet. On les ramasse toute l'année, et ou les met sécher en évitant, autant que possible, toute fermentation. Quand on veut s'en servir, on les étend sur une épaisseur de 15 à 20 centimètres, et on les arrose légèrement; on remue à la pelle, puis on en forme un tas ayant la forme d'un cône en faisant des lits que l'on piétine au fur et à mesure. Les crottins atteignent ainsi une température de 60 à 70 degrés. Lorsqu'ils sont arrivés à ce point, on forme alors la couche. Pour cela, on fait un premier lit de 10 centimètres environ, puis un deuxième lit de 4 à 5 centimètres avec des crottins frais; enfin, un troisième lit de crottin préparé de l'épaisseur du premier: on foule alors de manière que

le tas soit bien serré, ce qui est une condition *sine
quâ non* du succès.

Pour construire la meule avec du fumier, quatre
opérations sont nécessaires. La première est la préparation du fumier ; la seconde, l'établissement de la
meule ; la troisième, l'introduction du blanc de champignon dans ses flancs ; la quatrième, l'addition sur
la meule d'une couche de terre ou de terreau pour
nourrir ses productions.

1° *Préparation du fumier.* — Le fumier de cheval est le seul qu'on doive employer. On choisit de
préférence celui qui provient des chevaux de fatigue :
les chevaux d'omnibus, par exemple. On le prend le
plus possible imprégné de leur urine. Le fumier des
chevaux de luxe, qui contient une trop grande quantité de paille encore sèche, ne vaut rien pour cet usage,
et celui des animaux nourris au vert ou au son doit
être plus particulièrement rejeté, parce qu'il détruit
le blanc qu'il faut graisser. Les chevaux de poste, de
roulage, d'omnibus, dont on soutient l'ardeur par
une copieuse ration d'avoine, donnent à leurs fumiers,
peu souvent renouvelés, une plus grande masse de
principes azotés et ammoniacaux, qui les rendent
éminemment propres au développement des fibres
radiculaires du blanc.

Lorsqu'on s'est procuré du fumier de cette qualité,

on en dispose la quantité nécessaire à l'étendue des meules qu'on veut faire, en tas plus ou moins longs et d'une cubature qui ne peut être moindre de 2 mètres pour qu'il puisse fermenter. Dans les maisons particulières où l'on fait peu de champignons à la fois, l'excédant de ce fumier, s'il y en a, trouve de nombreux emplois.

On laisse ce tas ainsi formé, pendant un mois environ, suivant que sa fermentation est plus ou moins prompte, ce qui varie en raison de la composition du fumier, et ce qui retarde d'autant plus qu'il contient davantage de paille.

Lorsqu'il est suffisamment échauffé, on en forme à côté une espèce de couche plate que les jardiniers désignent par le nom de *plancher*. Celle-ci doit avoir une épaisseur de 66 centimètres sur une largeur et une longueur indéterminées. L'épaisseur seule est importante, parce qu'elle sert à favoriser une nouvelle fermentation.

En établissant ce plancher, il faut secouer et manier le fumier de manière à bien mêler les portions sèches avec celles qui sont le plus imprégnées d'urine. A cet effet, on le passe à la fourche, et en le divisant ainsi, on retire les plus longues pailles, le foin, les liens; en un mot, tous les corps étrangers qui ont moins de disposition à fermenter et à retenir l'humidité uratée du fumier.

Dès qu'on a formé un lit, on l'arrose convenablement avec un arrosoir à pomme, pour distribuer l'eau plus également, et en même temps on le marche, c'est-à-dire qu'on piétine également sur la surface, pour que toutes les substances composant le fumier soient parfaitement en contact et serrées les unes contre les autres. On en fait autant à chaque lit, jusqu'à ce que cette espèce de couche soit arrivée à la hauteur indiquée plus haut. La mouillure est indispensable pour provoquer, dans le fumier, un nouveau développement de chaleur qui favorise une cohésion plus intime de ses matériaux et leur fait acquérir une consistance moelleuse. Si l'on ne mouillait pas suffisamment, il pourrait se dessécher au centre, ce qu'en terme de jardinier on nomme se *brûler*, et ce défaut pourrait compromettre le succès de l'opération.

Huit ou dix jours après, une vive fermentation a dû s'établir ; elle se reconnaît facilement à la couleur blanche et bleuâtre que le fumier a prise à l'intérieur et souvent même à la surface ; on remanie alors la couche, et on la reconstruit sur le même terrain, et de la même manière, avec l'attention de remettre dans le centre le fumier qui se trouvait aux bords et en-dessus, ainsi que les portions qui paraissent avoir éprouvé le moins de fermentation.

Le nouveau plancher établi demeure encore huit ou dix jours dans cet état, après lesquels le fumier doit avoir acquis le degré de chaleur douce qui convient à l'opération.

Ce point, qu'il est le plus essentiel de reconnaître, parce que de lui dépend en grande partie le succès de la meule, et conséquemment de la récolte, est en même temps le plus difficile à déterminer. C'est le cas aussi où la pratique est utile, parce qu'elle donne l'expérience nécessaire. Toutefois, les caractères qui font présumer que le fumier est dans l'état désiré sont : qu'il ait une couleur brune, qu'il soit moelleux ou bien lié, et que, pressé dans les mains, il n'y laisse qu'une humidité onctueuse, sans qu'il s'en échappe de l'eau; car alors il faudrait recommencer.

2° *Établissement des meules.* — C'est avec le fumier ainsi préparé qu'on construit les meules sur lesquelles se fait la récolte.

Au printemps et en été, l'emplacement des meules est plus convenablement choisi dans les caves, celliers, serres à légumes, dans les carrières, comme cela a lieu dans les environs de Paris, à cause d'une plus grande égalité de température et du besoin de les soustraire aux influences fâcheuses des orages. En automne et au commencement de l'hiver, elles peuvent être faites en plein air, dans n'importe quelle par-

tie du jardin, pourvu que l'emplacement soit sec, bien
nivelé et au soleil.

Quel que soit, au reste, l'emplacement des meules,
on les construit de la même manière.

On les monte comme il a été dit pour les planchers,
excepté qu'on ne mouille pas; on manie le fumier, on
l'arrange à la fourche et on le marche. On donne à la
base 60 centimètres de large; on monte les lits jusqu'à
60 centimètres de hauteur, mais en diminuant leur
largeur à mesure qu'on monte, de façon à former le
dos d'âne. Lorsque la meule est terminée, on en bat
les flancs avec le dos d'une pelle pour la consolider et
la régulariser tout ensemble; ensuite, on la peigne,
c'est-à-dire, qu'on retire à la main ou à la fourche les
grandes pailles qui dépassent.

Dans cet état, les meules faites à l'air libre sont
enveloppées d'une chemise.

C'est une couverture de grande litière secouée et
mêlée à la fourche, que l'on arrange autour de la
meule sur une épaisseur de 6 à 8 centimètres. Les
meules construites dans les caves, ou tout autre
local couvert, n'ont pas besoin de cette chemise..
Quelques jardiniers emploient, pour cet usage, du
fumier conservé en tas et qui est, comme on dit,
brûlé; il est alors consommé et n'a plus de chaleur.
On le divise de même, et on ne craint pas qu'il

contienne du crottin qui sert à nourrir la meule.

M. Salle, dans sa brochure, *Culture des champi-gnons*[1], préconise la mousse comme chemise des meules ; il préfère même la mousse qui croît après les arbres. Voici ce qu'il dit, page 28, au sujet des résultats obtenus. « Le 2 août dernier, nous avons enlevé » les chemises en mousse sur deux couches en plein » rapport, construites l'une sous un hallier, l'autre » au grenier : deux jours après l'enlèvement de la » mousse, tous les champignons avaient disparu. La » mousse fut remise et arrosée : deux jours plus » tard les champignons étaient repoussés. » N'ayant pas encore expérimenté ce procédé, nous ne pouvons en aucune façon donner notre avis ; nous nous en rapportons donc à l'auteur cité plus haut.

Les meules ainsi construites reprennent une chaleur modérée dont on juge le degré à l'aide de sondes placées sur leurs flancs, de distance en distance, et que l'on retire pour les prendre à pleines mains quand on veut s'en assurer.

Les personnes peu exercées peuvent employer le thermomètre à piquet de Régnier, lequel, implanté dans la couche, leur indique sa température précise.

---

1. 1 vol. in-18 de 132 pages avec figures dans le texte. Prix, *franco*, 1 fr.

Lorsque la chaleur paraît au point convenable (18 à 20° centigrades), il faut y introduire le blanc.

3° *Application du blanc à la meule.* — Cette opération, à laquelle on donne le nom de *larder* la meule, consiste à introduire dans ses flancs du blanc de champignon conservé à sec. Ces morceaux, dont les plus petits doivent être larges d'au moins deux doigts (4 ou 5 centimètres), sur autant de longueur, ont reçu le nom de *mises.* On peut cependant employer aussi ce fumier émietté, ou les filaments blancs seuls ; mais la reprise est moins certaine.

On enlève la chemise aux meules qui en ont, pour loger les mises dans leurs flancs ; à cet effet, on pratique sur chacun de leurs côtés une rangée de petites ouvertures qu'on fait en retirant un peu de fumier avec la main, et on donne à ces ouvertures une dimension proportionnée à celle des mises.

On les espace, entre elles, de 33 centimètres. La hauteur à laquelle on fait ce rang de mises varie selon que le terrain sur lequel la meule est placée est plus ou moins humide ; c'est par cette raison que quelquefois il est à 6 centimètres du sol quand il est sec, et d'autrefois à 16 ou 20 quand il est humide. A mesure que l'on pratique ces ouvertures, on les remplit avec des morceaux de blanc de champignon, en ayant soin de les maintenir à fleur du flanc de la meule, et d'appuyer doucement au-dessus de l'ouverture pour mettre parfaitement en contact les *mises* et le fumier.

Quelques jardiniers, au lieu de faire de petites ouvertures comme je viens de le dire, soulèvent le fumier de distance en distance avec la main gauche, et placent les mises dans cette ouverture avec la main droite; ensuite, ils retirent la main gauche et le fumier se referme sur les galettes qu'il faut toujours faire affleurer.

Ces deux procédés sont également bons.

Lorsque la meule est lardée, on remet la chemise, et huit ou dix jours après on la visite pour voir si le blanc est bien pris. On reconnaît qu'il en est ainsi à l'allongement des fibres radiculaires blanches, dont le développement doit déjà se faire remarquer autour des lardons ou mises, ainsi qu'à l'espèce de moisissure blanche qui les accompagne et se propage aux environs. Si à ce moment rien ne se montrait, ce serait un indice que le blanc ne serait pas bon ou que le fumier de la meule aurait été mal préparé. Si celle-ci conserve encore une chaleur suffisante, on peut essayer de la larder une seconde fois, en plaçant les nouvelles mises à la même hauteur mais dans les intervalles des premières.

4° *Application sur la meule d'une couche de terre ou de terreau.* — Lorsque le blanc a annoncé sa reprise par les caractères indiqués ci-dessus, on couvre la surface de la meule, préalablement débarrassée de sa chemise, sur trois centimètres d'épaisseur, d'un mélange bien tamisé de moitié terre meuble et moitié terreau consommé. Cette opération s'appelle *gopter*. On raffermit la terre en la frappant légèrement avec le dos d'une pelle et, après avoir bassiné avec un arrosoir à pomme très-fine, on replace la chemise. Celle-ci ne doit plus être enlevée à partir de ce moment, même pour faire la récolte.

Lorsque celle-ci commence, on découvre seulement devant soi ; au fur et à mesure qu'on cueille, on a soin de boucher les trous, ce qu'on peut faire avec le même mélange qui a servi à gopter et qu'on a à sa portée dans un panier ; on bassine légèrement et on replace la litière qu'on a pu déranger. Il faut avoir soin, lorsqu'il se forme sur un même point de la meule une masse de champignons agglomérés, à laquelle les jardiniers donnent le nom de *rocher*, d'enlever complétement cette masse et de reboucher le trou avec de la terre, parce que cette production exubérante épuiserait promptement la meule, nuirait à la qualité des autres champignons, et favoriserait la naissance des *molles*. Celles-ci sont encore souvent le résultat d'un coup de feu qui peut arriver lorsque la meule a été couverte d'une forte chemise pour la garan-

tir de la gelée et que le temps devient subitement doux.
Si l'on n'a pas soin alors d'alléger aussitôt la couverture, la meule prend trop de chaleur, et le coup de feu
a lieu. Il faut, quand les gelées deviennent intenses,
proportionner l'épaisseur de la chemise au degré du
froid pour éviter toute atteinte aux champignons qui
y sont très-sensibles, et la diminuer quand la température s'élève.

Quelques jardiniers, dans le but d'éviter la production des *molles*, prennent le soin, aussitôt que le blanc
est attaché, de retirer les mises qui rougissent et ont
une mauvaise influence sur la qualité des produits :
c'est là un bon usage.

S'il arrivait enfin que la couche se refroidit, on
pourrait ranimer sa chaleur en entourant sa base
d'un réchaud de fumier neuf.

On a vu, par ce qui précède, que nous avons donné
le conseil, pour larder la meule, de faire une seule
rangée de mises. Cette pratique, qui n'est cependant
pas nouvelle, n'est pas encore admise par tous les
jardiniers; l'usage était d'en mettre deux rangées :
la première, à 10 centimètres de terre, la deuxième,
à 15 centimètres au-dessus. Du reste, la préparation
du fumier, le montage des meules, les soins à leur
donner, tout est semblable, dans l'une comme dans
l'autre méthode; on est conséquemment libre d'adop-

ter celle que l'on préférera. Voilà pourtant l'exposé des raisons dont les personnes, qui pratiquent la méthode indiquée, s'appuient pour lui donner la préférence.

Dès que le blanc s'attache, il se développe progressivement le long des flancs de la meule à partir du trou où on a déposé la mise. Il en résulte que les premiers produits sont près de la base et qu'ils se succèdent en montant. La récolte se fait facilement, sans encombrement, dans le même ordre; elle est d'abord moins abondante, mais se prolonge plus longtemps, quelquefois jusqu'à quatre mois. Lorsque la meule a été lardée sur deux rangs de chaque côté, la récolte est beaucoup plus abondante, mais elle ne dure que pendant un mois ou six semaines. Il nous paraît donc que notre méthode est avantageuse sous plusieurs rapports, et particulièrement dans les maisons bourgeoises où l'on ne vend pas et où l'on n'a pas besoin à la fois d'une grande quantité de champignons. Dans ce cas, un jardinier peut aisément se rendre compte du produit d'une meule et de la durée de sa récolte, pour la faire d'une grandeur suffisante aux besoins de la consommation à laquelle il doit faire face, en calculant la préparation des fumiers qui doivent successivement servir à la confection des couches.

Il a été dit plus haut que les champignons étaient

très-sensibles au froid, et qu'il fallait avoir la précau-
tion de couvrir de plusieurs chemises les meules
faites en plein air. C'est pour cette raison que les
jardiniers-maraichers-champignonistes, établissent
leurs meules aux environs de Paris, dans les carrières
dont les travaux sont terminés. Dans ces localités, les
meules réussissent bien en toutes saisons, parce qu'elles
n'ont à redouter, ni les gelées, ni les orages dont les
effets sont également funestes aux champignons.
Nous conseillerons donc aux jardiniers de maisons
d'établir de préférence leur meule à l'abri des intem-
péries de l'hiver et des orages en été, dans les caves
saines, des celliers ou des serres souterraines ordinai-
rement appelées serres à légumes.

Dans ces dernières, il serait bon de pratiquer une
cloison pour séparer l'emplacement de la meule, et
lui conserver un air plus étouffé et une certaine obscu-
rité, ce qu'on ne peut pas toujours obtenir sans cela
parce que l'on est obligé de donner de l'air pour la
conservation des légumes.

Les meules, dans ces endroits souterrains, se con-
struisent comme nous l'avons déjà dit, comme celles
en plein air, et les fumiers se préparent de même au-
dehors ; ce n'est que lorsqu'ils sont arrivés au point
convenable qu'on les transporte dans les caves.

Lorsque les meules sont isolées, on leur donne les

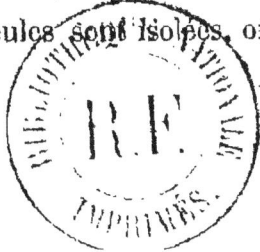

dimensions indiquées précédemment ; lorsqu'elles sont appuyées contre un mur, on leur donne à la base la même largeur.

Le sommet touche alors le mur.

Les champignonistes, qui font des meules dans les carrières, les lardent de chaque côté de deux rangs de mises, excepté, bien entendu, celles qui sont appuyées contre un mur et qui ne peuvent l'être que d'un côté. Cela tient à ce que leurs meules, durant moins longtemps dans cette localité qu'au dehors, ils ont besoin de leur faire produire vite et beaucoup, afin de retrouver avec avantage la valeur du fumier qu'ils emploient.

Description du champignon comestible. — Nous croyons devoir, en terminant, décrire le champignon comestible, en engageant toutefois ceux qui en mangent à faire usage du champignon cultivé qui n'occasionne jamais d'accidents tant qu'il est jeune, tandis qu'on peut faire de graves erreurs en mangeant ceux qu'on recueille dans les champs sur les friches.

Le champignon cultivé est rond, légèrement aplati sur le sommet, avec un pédicule gros et court. Les bords de son chapeau sont soudés sur son pied quand il naît, et à mesure qu'ils se développent, ils se déchirent et le font paraître comme frangé. La pellicule que recouvre le chapeau est d'un blanc plus ou moins sale vers le centre, et quelquefois d'un gris roussâtre ; elle n'est jamais parfaitement lisse, et s'enlève facilement en la soulevant des bords et la tirant vers le centre.

Sous cette pellicule sont rangés un grand nombre de feuillets très-minces, d'abord blancs, ensuite roses, puis noirâtres : alors, le champignon ne vaut rien et peut être dangereux.

En général, tous les champignons dont la chair, exposée à l'air, passe du blanc au bleu ou au vert, et dont le suc propre est laiteux, sont vénéneux.

En cas d'empoisonnement par les champignons, il faut recourir au médecin ; mais comme les progrès du mal sont rapides, on conseille de provoquer l'évacuation par l'émétique uni à un purgatif, les potions et les lavements purgatifs.

Il existe du reste, émanant de la préfecture de police, une instruction que toutes les communes devraient avoir ; car c'est dans les campagnes surtout, que le danger que présentent les champignons est redoutable.

Puisque tous les exemples des empoisonnements par les champignons ne guérissent pas certains excursionistes du goût de manger de leur récolte, nous dirons qu'on éviterait bien des accidents en trempant et agitant, après les avoir brisés, les champignons dans de l'eau acidulée par du vinaigre.

Il a été mangé impunément, dans une réunion savante, un plat composé de champignons les plus vénéneux ainsi préparés. Le lavage avait duré une demi-heure.

Il a été écrit beaucoup d'ouvrages sur le champignon et la manière de reconnaître les bons et les mauvais ; le cadre de cet ouvrage ne nous permet pas d'entrer dans la description des uns et des autres.

Nous donnerons seulement les noms des champignons comestibles.

Bolet comestible.	*Boletus edulis.*
» bronzé.	» *aerus.*
» blanc.	» *albus.*
» rude.	» *scaber.*
» oranger.	» *aurantiacus.*
» langue de bœuf.	» *hepaticus.*
Amanite orange.	*Amanita aurantiaca.*
» solitaire.	» *solitaria.*
Agaric comestible.	*Agaricus campestris.*
Champignon de couche.	» *edulis.*
Agaric mousseron.	» *albellus.*
» palomel.	» *Palomel.*
» élevé.	» *procerus.*
Chanterelle comestible.	*Cantharellus cibarius.*
» orange.	» *aurantiacus.*
Hydne hérisson.	*Hydnum crinaceum.*
Clavaire coralloïde et autres.	*Clavaria coralloïdes, etc.*
Helvelle comestible.	*Helvella esculenta.*

Morille comestible.	*Morchella esculenta.*
Perize noire.	*Periza nigra.*
Truffe comestible.	*Tuber cibarium.*

Voici, d'après M. Sée, les caractères généraux des bonnes et des mauvaises espèces.

Nous conservons la rédaction de l'auteur indiqué, comme résumant en peu de mots tout ce qu'on peut dire de général sur cette classe si nombreuse.

« Les bons champignons ont une odeur suave et franche, rappelant la rose ou les amandes amères, ou la farine récemment moulue. La saveur est celle de noisette; elle n'est ni fade, ni acerbe, ni astringente. Leur consistance est charnue et ferme; elle n'est ni mollasse, ni fibreuse, ni aqueuse. Comme aspect général, ils offrent une surface sèche et des couleurs franches, rouge vineux ou violet et couleur de crème. Ils se dessèchent au lieu de se corrompre et sont fréquemment entamés par les animaux. On les trouve dans les lieux découverts, les friches, les bruyères, etc.

Les mauvais champignons ont une odeur herbacée ou fade, vireuse, sulfureuse de térébenthine, de terre humide ou trop pénétrante. La saveur est astringente ou styptique, acerbe, fade, nauséeuse. La consistance est molle, aqueuse, ou grenue, compacte, fibreuse.

L'aspect général est une surface humide ou écail-

« leuse, de couleur livide sulfurine, rouge sanguin ; la
couleur de la chair change par l'action de l'air.

Les mauvais champignons se corrompent au lieu
de se dessécher, et ils sont toujours respectés par les
animaux. On les rencontre généralement dans les
lieux couverts humides, sur les corps en décomposi-
tion. »

Malgré ces caractères assez distinctifs, il faut agir
toujours avec une prudente réserve, et ne rien con-
sommer dont on ne soit sûr.

Maladies et animaux nuisibles.

Nous avons parlé plus haut accidentellement de la
principale maladie des champignons, la naissance des
molles, et nous avons indiqué la manière d'y remédier
ou plutôt d'éviter cette production ; nous n'y revien-
drons donc pas.

Une autre maladie, la *rouille*, consistant en taches
jaunâtres apparaissant sur les champignons, peut
encore être nuisible à la production de ces derniers. Il
suffit, pour l'éviter, d'empêcher une trop grande humidité autour des couches.

Lorsqu'on s'aperçoit de la naissance de la rouille,

on détache de suite les champignons attaqués, cette maladie se propageant très-vite.

Les animaux nuisibles sont les rats et souris, les limaces et les cloportes qui désagrégent les meules.

Les premiers, rats et souris, sont détruits par des piéges ou par des pâtes préparées à cet effet, qu'on trouve dans le commerce.

Pour se débarrasser des limaces, le meilleur moyen est de les écraser partout où on les trouve. Pour les empêcher de s'approcher des meules, on entoure ces dernières de sable fin qui, en se collant au corps des limaces arrêtent leurs mouvements.

Enfin, on parvient à détruire les cloportes en produisant sur une certaine surface une humidité factice, en étendant, par exemple, un linge légèrement mouillé. Les cloportes s'y réunissent, et il est alors facile, en enlevant le linge, de les écraser.

FIN.

TABLE DES MATIÈRES

Paris. — Imp. Viéville et Capiomont, rue des Poitevins, 6.

BIBLIOTHÈQUE DE L'HORTICULTEUR PRATICIEN

Encouragée par MM. les Ministres de l'Agriculture et de l'Instruction publique.

Arbres fruitiers (*Conseils sur le choix, la culture et la taille des*), pouvant convenir aux provinces du nord, de l'est de l'ouest et du centre de la France, par le comte de LAMBERTYE. 1 vol. in-18 orné de 83 grav. . . . . 3 fr.

Asperges (*Semis, plantation et culture des*), par BOSSIN. 3e édit. 1 vol. in-18 orné de figures . . . . 3 fr.

Bouturer, Greffer, marcotter et semer (*Guide pour*) les plantes d'ornement, annuelles, vivaces, arbres et arbustes, etc. extrait en partie du JARDIN FLEURISTE, par Ch. LEMAIRE et LEQUIEN. 2e éd. in-18 orné de 35 fig. . . . . 1 fr.

Cactées. Leur culture, suivie d'une description des principales espèces et variétés, par PALMER. 1 vol. in-18 orné de 33 fig. dans le texte . . . . 3 fr.

Champignons. — Culture des champignons, avec l'indication d'une nouvelle méthode pour en obtenir en toutes saisons par l'emploi de la mousse, etc. par SALLE. 4e édit. 1 vol. in-18 orné de 20 fig. dans le texte . . . . 1 fr.

Culture potagère en pleine terre et sous châssis par un amateur. 1 vol. in-18 orné de fig. dans le texte (*sous presse*).

Cyclamen. — Description et culture, par un amateur. 1 vol. in-18 orné de fig. 1 fr.

Floriculture des appartements, des fenêtres et balcons par un amateur. 1 vol. in-18 orné de fig. dans le texte (*sous presse*).

Fraises. — Les Bonnes Fraises, manière de les cultiver pour les avoir au maximum de beauté, par J. GLOEDE. 2e édit. 1 vol. in-18 orné de fig. . . . . 2 fr.

Fraisier. Sa culture en pleine terre suivie d'un choix des meilleures variétés à cultiver, par le comte DE LAMBERTYE. 1 vol. in-18 (*sous presse*).

Fruits et légumes de primeur. — Traité général de culture forcée par le thermosiphon, par le comte DE LAMBERTYE. — Cet ouvrage sera publié en sept livraisons de 48 pages in-8. Prix de chaque livraison . . . .

Les livraisons **Melon et Concombre** — **Vigne** — **Fraisier** — **Haricot et Tomate** sont parues.

Des rapports très-favorables de cet ouvrage ont déjà été faits par la *Société d'Horticulture de Paris*, et par un grand nombre de Sociétés des départements.

Jardin fleuriste (Le). — Instructions pour la culture des plantes annuelles, bisannuelles, vivaces, fougères, plantes à feuilles ornementales, oignons à fleurs, conifères, arbrisseaux, arbres et arbustes, par LEMAIRE, LEQUIEN, BOSSIN, BERNARDIN, CARRIÈRE, vicomte DU BUYSSON, PALMER, PORCHER, RIVIÈRE fils aîné, etc., revu et complété par A. RIVIÈRE, jardinier en chef du Luxembourg. 3e édit. 1 vol. in-18 orné de nombreuses fig. 3 50

Jardinage. — Éléments de jardinage pouvant convenir aux provinces du nord, de l'est, de l'ouest et du centre de la France, par le comte DE LAMBERTYE. 1 vol. in-18 orné de fig. dans le texte . . . . 1 fr.

Légumes. — Conseils sur les semis de graines, de légumes, pouvant convenir aux départements du nord, de l'est, du nord-ouest et du centre de la France, par le comte DE LAMBERTYE. 8e édit. augmentée de la *Culture des Fraisiers au village*. In-18. 30 p.
Admis pour les Bibliothèques scolaires.

Légumes et fleurs. — Conseils sur leur culture sous un, deux ou trois châssis, pendant les douze mois de l'année, pouvant convenir aux provinces du nord, de l'est, de l'ouest et du centre de la France, par le comte DE LAMBERTYE. In-18 orné de 6 fig. 50 c.

Melons (*Culture des*), méthode simple et précise pour obtenir les melons d'une grosseur extraordinaire, etc., par DUROCH DE VILLEROSE. 3e édit. 1 vol. in-18 orné de 8 grav. — *Admis pour les Bibliothèques scolaires.* . . . . 1 fr.

Plantes à feuilles ornementales en pleine terre, Botanique et culture, par le comte DE LAMBERTYE. 2 vol. in-18 avec fig. . . . . 2 fr.

Plantes molles de pleine terre (*Culture des*), Pétunia, Géranium, Pensée, Verveine, Héliotrope, par le vicomte F. DU BUYSSON. 1 vol. in-18, fig. . . . . 1 fr.

Poirier et Pommier. — Semis, plantation et culture dans les champs et les vergers, suivie d'une notice sur la fabrication du cidre et sur les préparations alimentaires des poires et des pommes, par Ferdinand MAUDUIT. 1 vol. in-18 orné de 24 fig. 1 25
Le manuscrit de cet ouvrage a été couronné par la Société centrale d'horticulture de la Seine-Inférieure. — *Admis pour les Bibliothèques scolaires.*

Rosier. — Semis, culture et taille, par MARGOTTIN fils. 1 vol. in-18 avec figures (*sous presse*).

NOTA. — Le catalogue complet de la librairie sera envoyé franco sur demande affranchie. M. GOIN se charge de fournir, aux conditions détaillées à la première page de son catalogue général, les ouvrages de **DROIT**, de **LITTÉRATURE ANCIENNE** et **MODERNE**, de **MÉDECINE**, de **SCIENCES DIVERSES**, dont on voudra bien lui faire la demande (*Écrire franco*).

ÉVREUX, A. HÉRISSEY, imp. — 873.

www.ingramcontent.com/pod-product-compliance
Lightning Source LLC
Chambersburg PA
CBHW071429200326
41520CB00014B/3619